PHILOSOPHIE DE L'AGRICULTURE

DÉCOUVERTE

DES

CAUSES DE LA MALADIE

DES

POMMES DE TERRE

ET DE

SA GUÉRISON

EXPOSÉE A M. LE MINISTRE DE L'AGRICULTURE & DU COMMERCE

PAR

Félix DEPERLAS

Ancien élève de l'Ecole d'Agriculture de Grignon, Agronome,
professeur particulier d'Agriculture et de Biologie

COMMUNICATION DE CETTE DECOUVERTE EST DONNÉE A TOUS LES AMBASSADEURS
DES GOUVERNEMENTS D'EUROPE ET D'AMÉRIQUE

— Ce que l'on conçoit bien s'enonce clairement
Et les mots pour le dire arrivent aisément.
— C'est avec la ponderation des deux forces, intelligence et sentiment, que l'on trouve plus facilement la verité.
— Toute science aboutit à un mode superieur de raisonnement.

Prix net : 2 fr. 50

PARIS

LIBRAIRIE GÉNÉRALE, boulevard Haussmann, 72. — **GOIN**, rue des Ecoles, 62
Et chez l'AUTEUR, avenue Duquesne, 36, derrière les Invalides
1880

OUVRAGES DU MÊME AUTEUR

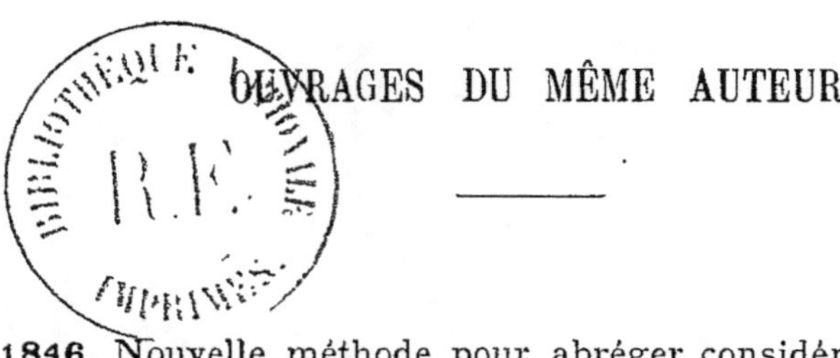

1846. Nouvelle méthode pour abréger considérablement aux Élèves et aux Maîtres le temps consacré aux difficultés mécaniques du piano et de tous les instruments de musique. — Broch. in-8°.

> (Approuvée et recommandee par le Comité des études musicales du Conservatoire royal de musique de Paris.)

Prix net : 4 fr. 5o.

1857. Mémoire présenté à la Société impériale et centrale d'agriculture de Paris sur la fertilisation naturelle des marais tourbeux. — Broch. in-8°.

> (Approuvé par la Société impériale et centrale d'agriculture dans le Rapport fait à sa seance solennelle de 1858.)

Prix net : 2 fr. 5o.

1860. Des Réformes et des Institutions européennes, ou Vues par-dessus l'Europe en 1860, sous le règne de Napoléon III. — 1 vol. gr. in-8°.

Prix net : 7 fr. 5o (épuisé).

1864. Chemins de fer agricoles ou populaires, ou Apport au budget d'un revenu d'environ 5oo millions. — Broch. gr. in-8°.

Prix net : 3 fr. 5o.

1864. Chemins agricoles ou populaires, ou Proposition d'adjonction de routes ferrées ou dallées à chevaux, et de routes ordinaires aux chemins de fer à vapeur. — Broch. gr. in-8°

Prix net : 3 fr. 5o.

1874. Le Maréchal-Président et les d'Orléans. M. Thiers et la Commune. — Broch. gr. in-8°.

Prix net : 1 fr. 60.

1874. Le Maréchal de Mac-Mahon désigné dans Nostradamus comme Président de la République. — Broch. in-4°.

Prix net : 1 fr. 75 (épuisé).

1876. La Destinée de M. le comte de Paris, d'après Nostradamus. — Broch. gr. in-8°.

Prix net : 1 fr. 50.

———

Tout exemplaire non revêtu de la signature de l'auteur sera réputé contrefait.

Félix Desperlas

DÉCOUVERTE

DES

CAUSES DE LA MALADIE

DES

POMMES DE TERRE

ET DE

SA GUÉRISON

Paris. — Imprimerie nouvelle (Association ouvrière), 14, rue des Jeûneurs
G. MASQUIN, DIRECTEUR.

———————

PAPIERS DE LA MAISON ROULHAC, 11, BOULEVARD SAINT-MICHEL
H. ODENT ET Cᵉ

DÉCOUVERTE

DES

CAUSES DE LA MALADIE

LES

POMMES DE TERRE

ET DE

SA GUÉRISON

EXPOSÉE A M. LE MINISTRE DE L'AGRICULTURE & DU COMMERCE

PAR

Félix DEPERLAS

Ancien élève de l'Ecole d'Agriculture de Grignon, Agronome,
professeur particulier d'Agriculture et de Biologie.

COMMUNICATION DE CETTE DÉCOUVERTE EST DONNÉE A TOUS LES AMBASSADEURS
DES GOUVERNEMENTS D'EUROPE ET D'AMÉRIQUE

> — Ce que l'on conçoit bien s'énonce clairement
> Et les mots pour le dire arrivent aisément.
> — C'est avec la pondération des deux forces, intel-
> ligence et sentiment, que l'on trouve plus faci-
> lement la vérité.
> — Toute science aboutit à un mode supérieur de rai-
> sonnement.

PARIS

LIBRAIRIE GÉNÉRALE, boulevard Haussmann, 72. — GOUIN, rue des Écoles, 62.
Et chez l'Auteur, avenue Duquesne, 36, derrière les Invalides.

1880

TABLE DES MATIÈRES

CHAPITRE V

CHAPITRE I

LETTRE A M. LE MINISTRE DE L'AGRICULTURE ET DU COM-
MERCE SUR LA DÉCOUVERTE DES CAUSES DE LA MALADIE
DES POMMES DE TERRE ET SA GUÉRISON.

Monsieur le Ministre,

Les médecins de ce temps-ci ont sur l'art de guérir
des idées tellement erronées, que, fatalement, car tout
est lié et s'enchaine dans la nature, le monde, même
savant, a les idées les plus fausses sur les maladies
des végétaux, à plus forte raison sur les causes de
ces maladies. Je ne puis donc faire autrement, Monsieur le Ministre, que de vous mettre d'abord sous
les yeux quelques observations, qui appartiennent à
la Biologie, science, à laquelle la médecine a bien
voulu donner un nom, quoiqu'elle s'éloigne tous les
jours de plus en plus de ses lois, qu'elle ignore. J'ai
le droit de parler de Biologie. J'ai fait mes premières
armes sous l'empire, sous le patronage bienveillant
de M. Duruy, alors Ministre de l'Instruction publique.
En 1865, seul contre tous, M. Tardieu, doyen de la

Faculté de Médecine de Paris, ayant fait tous ses efforts pour me faire refuser l'autorisation de prendre la parole, j'ai exposé, à Paris, au cercle des Sociétés savantes, les causes cachées et les raisons de guérison radicale des *maladies lentes*, telles que *les paralysies, les hydropisies, les névralgies, les maladies de cœur, les maladies d'estomac, d'entrailles, les athsmes, les rhumatismes, le diabète, les affaiblissements de la vue, de l'ouïe, la perte de la mémoire, les amauroses, les épilepsies non constitutionnelles, les folies dues à des causes physiques*, etc., en un mot les 50 grandes maladies, que les médecins compliquent tous les jours par l'emploi funeste de leurs poisons, et rendent inguérissables, bien loin d'arriver jamais à guérir radicalement aucune d'elles. Jaloux des succès que j'obtins dans cette séance, peut-il être vrai que ces Messieurs s'empressèrent de défendre à toute Gazette médicale d'en donner le compte rendu? M. Guéroult, père, propriétaire de l'*Opinion nationale*, tergiversa sur ce qu'il devait faire à mon égard, préoccupé de la crainte, qui s'était emparée de lui, de déplaire à un certain nombre de médecins, ses abonnés. Bref, il me refusa aussi son concours. Ce n'est pas ici le lieu de vous parler plus longuement de cette lutte, mais ne pouvant vous expliquer les causes de la maladie des pommes de terre, sans les déduire de mes principes de Biologie et observations sur les maladies de l'homme, je suis obligé de vous montrer que j'ai conquis par mes efforts le droit d'en parler.

Dans cette lettre, je dois me borner à vous mettre sous les yeux, Monsieur le Ministre, mes principes fondamentaux, afin de vous exposer succinctement en quoi consiste la Biologie.

Il y trois sciences distinctes dans l'étude de la santé humaine :

1° LA BIOLOGIE,

2° LA MÉDECINE,

3° LA CHIRURGIE.

1° LA BIOLOGIE EST LA BASE SCIENTIFIQUE ET PHILOSOPHIQUE DE LA MÉDECINE ET DE LA CHIRURGIE.

ELLE EST L'ART D'EMPÊCHER LES CORPS DE TOMBER MALADES.

LES OBSERVATIONS DE SES LOIS SE FONT SUR LES CORPS VIVANTS.

SON ÉTUDE SPÉCIALE CONSISTE A RECHERCHER LES GRANDES LOIS INVISIBLES, QUI PRÉSIDENT A LA SANTÉ HUMAINE.

ELLE RENFERME LES SECRETS DE LA GUÉRISON RADICALE DES MALADIES LENTES, TANT QUE LES CORPS PEUVENT ENCORE SE TENIR DEBOUT.

2° LA MÉDECINE CONSISTE DANS L'ART DE GUÉRIR LES MALADIES VIVES DES CORPS ALITÉS.

3° LA CHIRURGIE A POUR OBJET DE TRIOMPHER, PAR LE

FER OU LE FEU, DE MALADIES, QUE LA BIOLOGIE OU LA MÉDECINE SONT IMPUISSANTES A GUÉRIR.

J'aborde maintenant ceux de mes principes, qui m'ont conduit à la découverte des causes de la maladie des pommes de terre.

1ʳᵉ OBSERVATION. Presqu'aucun malade ne tient compte aujourd'hui de l'influence, toujours dominante à si juste titre, des lois naturelles. Presque tous vous tiennent ce langage : n'avez-vous pas, Monsieur, un médicament à me donner? — Non : LE MÉDICAMENT, N'AYANT QU'UN 2ᵉ OU 3ᵉ RANG DANS LA NATURE DES CHOSES, NE DOIT ÊTRE EMPLOYÉ QUE COMME UN SECOURS, QU'ON LUI DEMANDE, QUE TEMPORAIREMENT ET AVEC UNE EXTRÊME RÉSERVE. La Biologie, je le répète à dessein, assise, base ou fondement de la vraie médecine, a pour objet et étude spéciale les lois, qui président à la santé humaine. Je vous guérirai radicalement, a-t-on le droit de dire, sans le secours d'aucun médicament. Sur cette affirmation, le malade vous regarde tout étonné, disposé déjà à ne pas vous croire.

2ᵉ OBSERVATION. Aujourd'hui, contrairement à tout ce qui a été dit et écrit depuis Hippocrate, grâce à l'influence malsaine des médecins, on ne croit plus qu'à celle des poisons. Non content de ceux que l'on trouve dans la nature, on en fabrique tous les jours. Les secrets de la santé sont aujourd'hui dans les laboratoires. En effet, beaucoup de *poisons* ont sur l'organisation des *effets instantanés et trompeurs*. Ils produisent dans l'économie des déplacements du principe morbide fixé dans un endroit donné, et le forcent de s'épanouir dans tout le corps, comme il y était auparavant répandu, avant sa manifestation sur le point malade. Des *métastases* sont produites. Le malade se croit guéri, les visites sont payées, et tout le monde est content. Si un peu plus tard une maladie plus grave se manifeste, eh! bien, le médecin reviendra, car *tous les poisons laissent dans l'économie des traces indélébiles, et le malheur est toujours fatalement assuré à qui en prend.*

3ᵉ OBSERVATION. *Sur* 100 *malades des villes*, il y en a déjà, avant votre arrivée, 90 *de blessés, d'empoisonnés pour toujours*, car qui que ce soit ne connaît les antidotes des poisons, que l'on répand tous les jours à pleines mains avec une si grande munificence. Vraiment le monde est encore bien bonace, pardonnez-moi cette expression: il avale tout ce qu'on prétend lui faire avaler.

4ᵉ OBSERVATION. Dans la nature des choses le temps est une force, mais la vie aussi est une force. Toutes les deux se combattent dans l'économie. Le germe d'une maladie naît, croit, grandit, mais rien ne se manifeste pendant longtemps, si ce n'est à des yeux très perspicaces, puisque le germe de la maladie a, pour le combattre, la vie, de sa nature conservatrice de la santé. Mais le temps fatalement finit à la longue par l'emporter. Alors le germe morbide, invisible, développé avec le temps, se rend visible dans un endroit donné, se manifeste, et nous appelons la manifestation de ce mal une maladie.

5ᵉ OBSERVATION. Si *un germe* morbide invisible, développé avec le temps, a mis 40 à 50 ans à se rendre visible et à se manifester sous la forme d'une maladie, il *mettra toujours 2, 3 ou 4 ans*, selon la force de l'organisation et l'âge du malade, *à disparaître complètement. Mais les progrès dans la guérison doivent déjà*, si l'on est réellement dans la voie de celle-là, *être visibles et sensibles au malade*, quelque grave que puisse être la maladie, *dans la première quinzaine du régime, et ne jamais la dépasser*. (Je parle ici des maladies naturelles, que l'injection d'un ou de plusieurs poisons n'a pas rendues inguérissables, à plus forte raison ne parlé-je pas de celles, qui sont les résultats de ceux-ci.) *Car qu'est-ce que la guérison radicale, si ce n'est pas la somme de bien-être, obtenue en 15 jours, qui, multipliée par 24 pour 1 an, 48 pour 2 ans, 72 pour 3 ans, et 96 pour 4 ans, amènera infailliblement à la fin la guérison radicale.* Mais si l'on n'obtient pas un premier bien-être en 15 jours, qu'espère-t-on?

6ᵉ OBSERVATION. Le temps aggrave les maladies, parce que le principe morbide, affaiblissant les organes, ceux-ci sont affectés par une multitude d'influences diverses, que le temps amène, et auxquelles ils seraient restés insensibles dans l'état de santé.

7ᵉ OBSERVATION. Les médecins déraisonnent de plus en plus depuis les progrès de la chimie, en ne voyant dans le corps que des transformations chimiques, sans s'apercevoir que celles-là sont dans la dépendance de la pile électrique du corps humain, force hiérarchique supérieure, qui en dispose, en fait sa chose, les fait solides, liquides ou gazeuses, acides ou alcalines, salées ou sucrées, comme, par exemple, dans le diabète, selon le degré de santé de la pile électrique, principe de la vie physique. Mais le public déraisonne aussi de son côté. Pouvez-vous, Monsieur, disent tant de malades à leur médecin, me guérir en 15 jours, car il faut que je reprenne mes occupations ? Une si déraisonnable prétention donne entrée au charlatanisme des allopathes, et leur fait avoir recours aux *effets instantanés et trompeurs* de leurs poisons, et encore mieux à celui des homéopathes, qui, ceux-là, *quintessencient les poisons, pour vous guérir à la minute.* Quand le public saura-t-il QU'UNE MALADIE ENTRAÎNE FATALEMENT AVEC ELLE UNE CONVALESCENCE, DONT LA DURÉE EST TOUJOURS PROPORTIONNELLE A SA GRAVITÉ.

8ᵉ OBSERVATION. LA NATURE EST LA LOGIQUE MÊME. UNE MALADIE EST DUE QUELQUEFOIS A 1 CAUSE, A 2, A 3 OU A 4 CAUSES : OU QUELQUEFOIS UNE SEULE CAUSE PEUT AMENER

2, 3 OU 4 MALADIES. LA GUÉRISON EST ŒUVRE DE LOGIQUE. CHAQUE CAUSE A FATALEMENT POUR REMÈDE SON OPPOSÉ. Une maladie, causée par l'excès de travail, par exemple, ne peut jamais trouver sa guérison que dans l'excès proportionnel de repos. *Si faible que soit le poison, la dose ne fait rien à la chose, aucun poison, employé comme curatif, n'a jamais en réalité et radicalement guéri, pas seulement une fois.* Mais l'*amour-propre* de ne pas revenir sur ses pas est le *démon favori du Français*, impossible à extirper. (En politique d'ici peu, pour nous faire marcher franchement contre l'étranger, et sortir d'une impasse, Dieu va jouer avec ce défaut-là.) Le mal est-il si grand pourtant, que nous ne puissions plus en médecine nous débarrasser du poison, et recommencer à raisonner?

9e OBSERVATION. Par une force spontanée de la nature, les décompositions animales produisent des animalcules. Les gourmes des enfants, par la force centrale interne, qui tend de sa nature bienveillante à porter tout à la périphérie ou surface externe du corps, pour l'en débarasser, telles que les humeurs de toutes sortes de boutons, boutons de petite vérole, de rougeole ou d'autres maladies, les gourmes des enfants, dis-je, produisent des poux. Les poux sont produits aussi par des maladies diverses, dont la malignité est chassée à l'externe par la force interne. Cette force est centrale, parce que les centres bienveillants, comme les soleils, régissent tout. Ainsi le mal même profite à la vie de certains êtres, et la produit. Nos cadavres produisent des vers, ou autrement dit, la mort produit la vie.

10ᵉ OBSERVATION. Platon avait fait inscrire sur son académie cet avis :

NUL N'ENTRE ICI, S'IL N'EST GÉOMÈTRE.

En effet, comme dans la philosophie, ce n'est pas la médecine, qui fait le médecin, mais c'est le médecin, qui, avec sa logique, fait de la médecine. Ce n'est pas non plus la culture, qui fait le cultivateur, mais c'est le cultivateur, qui, avec sa logique, fait de la culture.

TOUTE SCIENCE ABOUTIT A UN MODE SUPÉRIEUR DE RAISONNEMENT.

Raisonnons donc. *Tout ce qui est justement observé dans un règne se retrouve toujours dans les autres règnes, par la nécessité d'unité dans le plan, non avec une comparaison des plus rigoureuses, mais avec une analogie des plus visibles.* Appliquons donc ces quelques observations aux idées, que l'on a sur les maladies des végétaux en général, et à la maladie des pommes de terre en particulier. DE MÊME QUE L'ON NE PEUT SE GUÉRIR D'UN EMPOISONNEMENT, QU'EN COMMENÇANT D'ABORD A SE DÉSEMPOISONNER PAR SON ANTIDOTE, DE MÊME AUSSI ON NE PEUT RECOUVRER LA SANTÉ MORALE ET VOIR VRAI, QU'EN COMMENÇANT A SE DÉBARRASSER DE L'ERREUR, qui masque la vérité. *J.-J. Rousseau recommandait de ne pas lire beaucoup, pour se préserver des erreurs, qui embarrassent l'esprit, et dont ils obscurcissent la lumière.* Dans ce temps, où le bel art d'écrire est descendu plus qu'en aucun autre à l'état de métier, les erreurs fourmillent en si grand nombre, que nous avons cru absolument indispensable de chercher à détruire d'abord les principales de celles, qui concernent la maladie des pommes de terre, avant de faire connaître les causes de leur maladie, partant les moyens de sa guérison.

1. Les 3 premières observations stigmatisent les grossières erreurs de ce temps-ci. A peine un de nous tombe-t-il malade, que tel médecin que ce soit, à de très rares exceptions près, lui conseillera 20 remèdes pour un. Il n'arrivera à l'esprit d'aucun médecin, ou au moins bien rarement, d'étudier la cause ou les causes du mal, et d'ordonner alors le contraire ou l'opposé de la cause, ou les opposés des causes de ce mal, et cependant les remèdes sont toujours invariablement les contraires ou les opposés en bien des causes, qui ont amené le mal.

En cinq minutes la consultation est donnée, et l'ordonnance faite. Prenez tel médicament, dit tout médecin, et presque toujours c'est un poison. Voyez la quatrième page des journaux, et, encore bien mieux, ce *phénoménal traité d'absurdités, réunies en trophées, sous le nom de formulaire de M. Bouchardat, cette plan-che de salut de tous les médecins et pharmaciens, qui renferme, dans un langage révoltant d'insanités, les services et les éloges de 2,500 poisons.* Or, quand il n'y a pas encore de Charenton pour les médecins, est-on en droit d'exiger tout le bon sens des simples cultiva-teurs? Aucun d'eux n'a eu l'idée de rechercher, si la maladie de la pomme de terre ne provenait pas des fautes, que l'on a faites dans sa culture.

2. Les 4ᵉ, 5ᵉ, et 6ᵉ observations s'appliquent à la ma-ladie de la pomme de terre, en ce sens que le germe morbide a séjourné bien longtemps, avant la mani·festation de la maladie, observée pour la première fois sur les bords du Rhin en 1830, mais connue de-puis longtemps dans la Nouvelle-Grenade, sous le nom de *Futeada.* (V. l'Encyclopédie du xixᵉ siècle, 3ᵉ édit., art. pommes de terre, signé Boussingault, membre de l'Institut.) A quelle époque peut remonter le germe de la maladie, et quel temps demandera-t-elle pour ne laisser aucune trace? C'est ce que nous examinerons dans une troisième lettre.

3. La 7ᵉ observation s'applique si bien à la maladie des pommes de terre, que chacun raisonne pour les végétaux, comme raisonnent les médecins, et à leur suite le public, qui n'a pas manqué jusqu'ici de leur faire écho, et qui cherche toujours dans l'illusion de ses erreurs, une substance chimique ou un engrais

pour la guérir, tournant ainsi le dos à la voie de la guérison.

4. La 8ᵉ observation entraîne invinciblement à penser, que si nos corps tombent malades d'une maladie, qui peut être due à 1, 2, 3 ou 4 causes, par nécessité d'unité de plan dans la création, conséquemment d'harmonie, les végétaux doivent aussi tomber malades de maladies, qui peuvent être dues à 1, 2, 3 ou 4 causes.

5. La 9ᵉ observation est des plus importantes. Les savants, c'est-à-dire, ces hommes qui jaunissent et qui verdissent à l'air renfermé de leurs cabinets de travail, qui demandent des inspirations au soleil-Dieu, quand celui-ci est couché, loin de les lui demander, dès qu'il est levé, à peine ont-ils entendu dire que les pommes de terre tombaient malades, qu'ils se sont empressés de recourir à leurs microscopes, et de déclarer, aussitôt leurs observations faites, qu'un insecte nouveau, à formes sinistres, tombé du ciel comme un fléau, dévorait la subtance de la pomme de terre. Pardon, Messieurs, moi, qui ai eu pendant 40 ans le vert des champs pour tableau et le bleu du ciel pour voûte, je déclare que, de même que les gourmes et certaines maladies produisent les poux, et qu'une infection donnée du sang produit le chancre, qui produit l'insecte, qui ronge la chair, de même aussi l'infection de la substance de la pomme

de terre produit l'insecte, qui la dévore. Si l'infection
végétale est intense, elle donne naissance à des animalcules; moins intense, elle ne donne lieu qu'à des
végétations parasites.

6. La 10e observation prouve qu'il ne suffit pas
d'être né avec les instincts de la culture et de la pra-
tiquer, pour avoir le droit de parler, il faut encore les
développer par l'instruction. Le suffrage universel,
qui est un droit de ce siècle, n'est pas pour cela toujours une lumière, et il a donné à tous pourtant le
droit prétendu de parler de tout, sans avoir travaillé,
réfléchi et mûri la question avec l'âge et l'expérience,
conséquemment sans savoir. Or, si l'industrie en
général renferme quelques hommes en réalité capa-
bles et instruits, l'agriculture n'en a guère, pour
l'éclairer et l'entraîner au progrès. En première
ligne s'impose la logique, car toute science se perfectionne, et aboutit à un mode supérieur de raisonnement.

J'ai fini, Monsieur le Ministre, le chapitre des erreurs, qui, à ces égards, obscurcissent l'intelligence
des cultivateurs, je vais entrer dans celui des vé-
rités.

CHAPITRE II

LETTRE A M. LE MINISTRE DE L'AGRICULTURE ET DU
COMMERCE SUR L'EXPOSITION DES CAUSES DE LA MALADIE
DES POMMES DE TERRE.

Monsieur le Ministre,

1re CAUSE DE LA MALADIE. — POUR DÉCOUVRIR CE QUI SE
CONVIENT DANS UNE TERRE, IL FAUT FAIRE UNE GRANDE
ATTENTION A CE QUI Y CROIT A L'ÉTAT SAUVAGE. C'EST LA
UNE INDICATION DE LA NATURE, CONSÉQUEMMENT UNE
INDICATION, SANS AUCUNE ERREUR POSSIBLE. Je n'ai vu ce
principe énoncé nulle part par aucun agronome, du
moins à ma connaissance. Olivier de Serres peut-être
en a parlé. C'est pourquoi je me permets de vous le
signaler ou de vous le rappeler, si je ne suis pas le
premier à l'avoir remarqué.

Si dans une terre il croît naturellement beaucoup d'églantiers, il y végétera très facilement des
rosiers.

S'il y croit naturellement beaucoup de mérisiers, il y poussera très vigoureusement des cerisiers.

S'il y croit naturellement beaucoup de houblon sauvage, il faut y semer du houblon cultivé.

S'il y croît, par une force de végétation spontanée beaucoup de framboisiers sauvages, semez-y des framboisiers cultivés, etc.

Et ainsi de tous les végétaux.

Lavater a dit que l'homme était libre, comme l'oiseau dans sa cage. Pour un véritable cultivateur, sa terre est la cage de l'oiseau. Vous le voyez, Monsieur le Ministre, combien M. de Dombasle a failli être funeste à la France avec sa monomanie d'assolement quadriennal : pommes de terre ou betteraves, avoine, trèfle, blé. Toutes plantes pour toutes terres, ou la terre bonne à toutes plantes. On ne peut pas voir plus faux.

Quel bonheur pour la France, s'il eût été seul à se ruiner! Que de victimes de ses erreurs il a faites ! M. de Dombasle est pour quelque chose dans la maladie européenne des pommes de terre.

Revenons au principe. Quelle est l'espèce de terre, dans laquelle, par une force spontanée de végétation, croit la pomme de terre à l'état sauvage? En voyageant si fructueusement dans les divers États de l'Amérique du Sud, notamment au Pérou, M. de Humboldt ignorait que depuis longtemps les pommes de terre étaient malades en Amérique, sans quoi il n'eût pas manqué, dans ses *Tableaux de la nature*, de nous apprendre dans quelle espèce de terre croissait, par une force spontanée de végétation, la pomme de terre. Je n'y ai trouvé aucune observation à cet égard.

Tout être minéral, végétal, animal ou hominal a reçu de la nature des affections particulières. Chacun sait que la pomme de terre affecte les terres légères, ayant peu d'agrégation, sablonneuses, graveleuses, schisteuses, granitiques et calcaires.

La pomme de terre est fortement organisée pour végéter dans des terres maigres, ce qui ne lui enlève rien de sa sensibilité, pour tirer un grand parti des engrais, quand on les lui prodigue ; mais elle a des affections délicates et s'entête dans ses affections. Confiée à des loams, des terres franches, grasses, des terres à blé, elle produit beaucoup plus, mais aussitôt, même dès sa première génération, elle dégénère de qualité. Je dois faire observer ici que le fumier, et tous les engrais, augmentent bien sensiblement la quantité des produits, mais aussi toujours un peu au détriment de leur qualité. Mais dans un siècle tel que le nôtre, où le bénéfice est tout, dût-on, pour l'atteindre, faire mourir de chagrin son père et même aussi sa mère, on n'y a pas regardé de si près, et on a cultivé la pomme de terre, presque dans tous les sols, et, en plus, on l'a fortement fumée. Or, CETTE DÉGÉNÉRATION CONTINUE, AU BOUT D'UN GRAND NOMBRE D'ANNÉES, EST UNE DES PRINCIPALES CAUSES, QUI ONT CONTRIBUÉ A FAIRE ÉCLATER SA MALADIE.

Étant extrêmement malade il y a 25 ans, par suite d'un deuxième empoisonnement, dont m'avait gratifié, moyennant écus, un des célèbres médecins de la capitale, empoisonnements, pour lesquels les médecins d'aujourd'hui ont la main si légère ; conséquemment privé pour bien longtemps du jugement, qui illumine et qui sauve des erreurs, *mens insana in corpore insano*, un livre m'était tombé sous la main, et j'y avais lu qu'en Irlande, je crois, on récoltait beaucoup de pommes de terre dans des tourbières. C'est étrange, m'étais-je dit, quoiqu'empoisonné jusqu'à la moelle des os, des pommes de terre dans de la tourbe ! Mais enfin, si c'est un fait. Je possédais alors, dans l'Orne, des tourbières de très bonne qualité, que j'avais bien desséchées. Je mis 15 hectares de mes meilleures tourbières en pommes de terre. Le résultat fut des plus concluants. Jamais je n'ai goûté de pommes de terre aussi détestables ; c'était fade à donner le mal de cœur pour huit jours. Les porcs étonnés n'en voulurent même pas. Ce fait vient donc à l'appui de ce que je viens de faire observer plus haut. Toute puissante qu'est l'organisation de la *pomme de terre*, celle-ci néanmoins reste *très délicate sur le choix de la terre,* qui lui convient.

M. Boussingault a reçu le témoignage du colonel Acosta, qui lui aurait dit, qu'il regardait la maladie de nos pommes de terre, comme entièrement semblable à une maladie, connue dans la Nouvelle-Grenade (Amérique du Sud), que l'on nomme *Futeada,* et qui se déclare fréquemment dans les *terrains bas et humides.* (V. Encyclopédie du XIXᵉ siècle, 3ᵉ édit., art. Pomme de terre, signé Boussingault, membre de l'Institut.)

Monsieur le Ministre,

Il y a 44 ans que je m'occupe avec amour et passion de l'agriculture, et j'ai en moi le pressentiment que vous tiendrez compte du mémoire, que j'ai l'honneur de vous adresser sous forme de lettres. Permettez-moi de vous demander, qu'aussitôt que les cultivateurs auront commencé à entrer dans la voie de la régénération de la pomme de terre, un ancien cultivateur soit nommé par vous, à titre honoraire, pour veiller sur chaque marché de France, à ce qu'il n'y puisse être vendu que des pommes de terre, qui auront été produites dans les seuls sols, qui leur conviennent. Rien n'est plus facile à obtenir que ce résultat, puisque la seule vue de la pellicule du tubercule renseigne très facilement et très exactement sur le genre de sol, sur lequel il a crû.

2ᵉ Cause de la maladie. — La production sauvage, qui n'est autre que le résultat de certaines dispositions physiques et chimiques d'un sol donné, dispositions, qui amènent la nature, sans semence aucune, par un certain état électrique, en un rapport nécessaire d'harmonie avec l'étincelle de vie spirituelle ou l'ame du végétal, la production sauvage, dis-je, a été appelée jusqu'ici force de végétation spontanée.

C'est cet état sauvage, ai-je déjà dit plus haut, qui est notre modèle. Or, je fais observer que dans son état sauvage, la pomme de terre, si bien dénommée par les naturels des Cordilières du Chili ou du Pérou *pommes de terre*, ne sort en effet *jamais de terre*. La terre est sa mère, sa nourrice, son lieu d'habitation, son palais à elle, à l'abri de la lumière. Au sein de la terre, elle conserve là pour nous toutes ses qualités, santé, fraîcheur, arome et saveur.

Chaque climat a comme des priviléges, qui lui sont propres. Il existe des climats tempérés, où il ne gèle jamais. Dans ceux-là, la pomme de terre, si sensible à la gelée comme pousse, comme fane, comme fleur et comme fruit, est évidemment là privilégiée. C'est là qu'on la trouve sauvage. Mais comme il gèle dans beaucoup de climats tempérés, on est obligé de la sortir du sol, et de la conserver dans des caves pendant tout le temps des gelées. Plus elle pourra rester en terre, plus évidemment elle se rapprochera de l'état sauvage, où elle n'est jamais malade. Les végétaux sauvages, comme les animaux sauvages, ne sont presque jamais malades. C'est parce qu'on ne la plante pas assez tôt, et parce qu'on ne la tire pas assez tard de terre, ou autrement dit, c'est parce que, elle, si bien dénommée *pomme de terre*, est en réalité *trop longtemps hors de terre*, qu'il y a là une *deuxième cause de maladie.*

Remède à la 2ᵉ cause de maladie. — On plante la pomme de terre beaucoup trop tard. Je prends ici, pour exemple, le climat de Paris. Sous le climat de Paris, on plante la pomme de terre dans la 1ᵉ quinzaine d'avril. C'est dans la 1ʳᵉ quinzaine de mars qu'on doit la planter : différence en moins dans le séjour des caves, 30 jours ; différence en plus au profit de la végétation, 30 jours.

Je fais remarquer ici que PLUS LA DURÉE DE LA VÉGÉTATION SE PROLONGE, PLUS SE PERFECTIONNE AUSSI OU S'ACCOMPLIT DANS LA PERFECTION L'ORGANISME D'UN VÉGÉTAL. Une durée de 30 jours de plus de végétation est extrêmement importante pour tout cultivateur, si peu de coup d'œil peut-il avoir.

On m'objectera assurément, que, puisque je reconnais moi-même que la pomme de terre est extrêmement sensible à la gelée, elle sortira de terre 15 jours plus tôt, et que conséquemment elle sera ainsi plus exposée aux dernières gelées de l'hiver, et on aura raison. Mais j'entends cette plantation tout autrement qu'on la pratique.

L'organisme de la pomme de terre est puissant : voyez dans les caves combien, sans emprunter de la nourriture à aucune parcelle de terre, sont vigoureux les germes qu'elle pousse au printemps, à travers une épaisseur considérable de pommes de terre; mais ce n'est pas une raison suffisante, pour ne pas satisfaire aux besoins impérieux, qu'elle éprouve. Or, les cultivateurs d'âge, conséquemment d'expérience, sont tous d'accord sur ce point, que la *pomme de terre végète infiniment plus vigoureusement sur un labour profond que sur un labour léger*. On doit donc planter la pomme de terre, non sur le versant de la bande de terre, mais au fond de la raie ouverte d'un labour de 0 m. 20 c. de profondeur. On comprend facilement que la chaleur du soleil fera germer bien plus tard des tubercules sous une épaisseur de 0 m. 20 c. de terre, que sous celle de 0 m. 10 c., qui est l'épaisseur ordinaire de terre, dont on les recouvre. Ainsi *on les aura tirées un mois plus tôt des caves* où elles s'altèrent, et leurs premières feuilles sortiront de terre à la même époque, que si elles avaient été plantées un mois plus tard, avec une couverture de 0 m. 10 c. de terre.

L'arrachage de la grosse pomme de terre ronde des champs, la plus importante de toutes, se fait, sous le climat de Paris, dans la deuxième quinzaine d'octobre, après la semaille des blés. Elle doit être reculée le plus possible et doit se faire dans la deuxième quinzaine de novembre. Ce sera encore par là un mois de gagné, pendant lequel elles ne resteront pas dans les caves, où elles perdent leur saineté, leur fraicheur, leur arome et leur saveur. Je ferai remarquer qu'il est bien rare qu'il gèle, sous le climat de Paris, assez fortement pour mettre un obstacle à l'arrachage des pommes de terre avant Noël.

J'ai, à cet égard, un fait assez curieux, qui vient à l'appui de mon observation.

En 1860 existait encore à Florenville, province de Luxembourg (Belgique), un nommé Julien Jacob, surnommé La Pavine, ce qui signifie, en patois, Chiendent. On le nommait Chiendent, parce que, si on lui offrait une chaise, il y restait assis 6 à 7 heures, et on ne pouvait plus s'en débarrasser.

Cet homme était extrêmement indolent et fainéant, et conséquemment toujours en retard sur tous les autres cultivateurs pour la rentrée de ses récoltes. Jamais il ne commençait l'arrachage de ses pommes de terre avant Noël, à une époque où, sous ce climat, il est souvent tombé de la neige. Quand la neige était tombée, on lui disait : « Eh bien ! Julien, et vos pommes de terre? » Alors il allait en arracher, en apportait, et disait : « Eh bien! mes pommes de terre, en voilà, elles sont belles et bien meilleures que les vôtres. » Et chacun était bien forcé de reconnaître que ses pommes de terre étaient grosses, bien mûres, très fraiches et de très bon goût.

3ᵉ CAUSE DE LA MALADIE. — J'avais cru jusqu'ici que, pour avoir de beaux petits lapins, il fallait les demander à une belle lapine et à un beau lapin; que, pour avoir de beaux petits porcs, il fallait les demander à un beau verrat et à une belle truie; que, pour avoir de beaux petits chats, il fallait accoupler une belle chatte et un beau chat, et que, pour avoir de beaux petits chiens, il fallait chercher à les obtenir d'une belle chienne et d'un beau chien. J'irai plus loin, et je dirai que jamais il n'a passé par la tête d'aucun cultivateur de faire, pour les semailles d'avoine, d'orge, de seigle et de blé, d'autre choix que celui de la plus belle avoine, de la plus belle orge, du plus beau seigle et du plus beau blé. Pourquoi donc alors, messieurs les cultivateurs, ne faites-vous pas pour les pommes de terre ce que vous faites pour la reproduction des lapins, des porcs, des chats, des chiens, de l'avoine, de l'orge, du seigle et du blé? Pourquoi vous agissez ainsi, je vais vous le dire. C'est qu'il n'y a encore que 102 ans, en France, que vos aïeux ont dit que les pommes de terre n'étaient bonnes que pour les porcs. Les efforts de Parmentier, pour nous faire comprendre à tous que la pomme de terre, nommée par Louis XVI « le pain des pauvres », comme si on devait se séparer toujours en deux catégories, les plus délicats, les riches, d'un côté, et les moins délicats, les pauvres, d'un autre côté, les efforts de Parmentier, dis-je, ne datent que de 1778. Or, les préjugés, les erreurs, de leur nature, sont vivaces et vivent encore au milieu d'un certain nombre d'entre vous, sans quoi il serait impossible d'expliquer, pourquoi, aux grosses pommes de terre, dans lesquelles sont évidemment les germes les plus fortement constitués, vous préférez, pour planter, les pommes de terre de moyenne grosseur. Les pommes de terre moyennes ne peuvent transmettre que la vie moyenne, qu'elles ont reçue de leurs pères et mères, conséquemment ne peuvent alors opposer aux influences délétères de l'atmosphère qu'une résistance moyenne et insuffisamment énergique. Il en est des végétaux comme de nous, la délicatesse du tempérament est déjà une disposition maladive, sur laquelle frappe d'autant plus fortement tout principe morbide.

Je suis obligé ici de vous expliquer un principe de métaphysique, cette science des principes, plus occulte aujourd'hui qu'en aucun autre temps, puisqu'on a perdu plus qu'en aucun autre le respect des lois naturelles, cette science des sciences, dont les principes se retrouvent toujours comme bases dans toutes les créations de Dieu :

Quand la nature a ses raisons pour nous donner plusieurs produits a la fois, tous sortis d'une seule semence, le premier conçu, l'aîné, est toujours privilégié, en image de l'Unité de Dieu, qu'il représente : puis, les autres produits, tous variés, viennent après, en image de la Variété de Dieu, car DIEU, c'est l'infinie Variété dans l'éternelle UNITÉ.

Descendons de ces hauteurs métaphysiques, pour trouver la justification des principes des œuvres spirituelles de Dieu dans ses œuvres matérielles.

Vous avez donné au plus gros grain de blé, qui est au sommet de l'épi, le nom de maitre-grain, et au plus gros épi des 3 à 4 tiges, sorties d'un seul grain, le nom de maitre-épi. Les maitres-grains de tous les épis et les maitres-épis sont ceux, qui composent vos semences, quand celles-là sont bien épurées. Ce sont ceux-là, qui sont les premiers conçus, et en effet toujours et invariablement les plus beaux et les meilleurs, parce qu'ils sont créés en image de l'UNITÉ de DIEU : les autres grains du maitre-épi, tous variés, le sont en image de sa Variété, comme je viens de l'expliquer dans le principe ci-dessus émis.

Il en est de même de la touffe des tubercules de la pomme de terre.

Un jour va venir, où, reconnaissant la vérité de ce principe, on ne plantera que la pomme de terre-maitresse, la première née de la décomposition de la pomme de terre que l'on a plantée. Elle porte quelquefois deux et trois germes, tous hiérarchisés dans leur puissance relative. C'est que, comme la mère Gigogne, elle veut vous donner une nombreuse postérité. Quand vous occuperez vos loisirs à considérer la munificence si réelle de la nature, vous n'aurez plus alors l'idée de couper la pomme de terre-maitresse en autant de morceaux qu'elle a de germes, comme vous le faites aujourd'hui. Alors les productions nouvelles n'auront plus une disposition maladive, dont triomphent si facilement les principes morbides.

Ce que j'avais conçu en philosophie, M. Bergier, de Lausanne, après les premières recherches de M. de Dombasle, l'avait résolu en pratique. Voici en quoi consiste son expérience, que tant de cultivateurs ignorent.

Sur quatre compartiments égaux, on planta à la même distance :

	Livres.	Onces.
Grosses pommes de terre pesant............	18	6
Pommes de terre moyennes........	8	1
Petites pommes de terre.................	4	8
Morceaux de pommes de terre............	2	2

. M. Bergier, de Lausanne obtint, déduction faite de la semence :

	Livres.	Onces.
Avec les premières.........................	184	14
Avec les deuxièmes...	150	11
Avec les troisièmes...	145	4
Avec les quatrièmess.................	123	2

(Voir *Encyclopédie moderne* ou *Dictionnaire abrégé des sciences, des lettres, des arts,* nouvelle édition, publiée par Firmin Didot, 1850, tome 24, article pommes de terre, signé Lœuilliet, sous-directeur de l'École régionale de Grand-Jouan (Loire-Inférieure).

4ᵉ CAUSE DE LA MALADIE. — TOUT DÉVELOPPEMENT ARRÊTÉ DANS LA CROISSANCE D'UN VÉGÉTAL EST CAUSE DIRECTE OU INDIRECTE DE MALADIE. Voici la cause d'un premier arrêt dans la végétation de la pomme de terre : TOUTE GERMINATION PRODUIT UNE TIGE SUPÉRIEURE, QUI TEND A MONTER ET DES RADICELLES, QUI TENDENT A DESCENDRE.

OR LA TIGE DE LA POMME DE TERRE TEND A PERCER LA TERRE, QUI RECOUVRE LA POMME DE TERRE DE SEMENCE, ET SES RADICELLES AU CONTRAIRE TENDENT A S'ENFONCER DANS LA TERRE, SUR LAQUELLE REPOSE CETTE MÊME SEMENCE. MAIS SI LA TERRE N'A PAS ÉTÉ FOUILLÉE, LES SPONGIOLES MICROSCOPIQUES, QUI TERMINENT LES RADICELLES, ET DANS LESQUELLES EST RENFERMÉE LA PLUS GRANDE SENSIBILITÉ ET VIE DE CELLES-CI, PERDENT BEAU-

COUP DE TEMPS ET DE LA VIE, QUI LEUR EST PROPRE, A PERCER, AU-DESSOUS D'ELLES, UNE TERRE, QUI N'A JAMAIS ÉTÉ FOUILLÉE.

D'où il suit évidemment pour la pomme de terre, qu'il n'y a pas de labour sérieux, si chaque fond de raie n'a pas été remué par une fouilleuse. Si l'on néglige de satisfaire en cela le besoin impérieux de la pomme de terre, on perd d'autant sur sa production, conséquemment sur la saineté de ses tubercules, CAR LE DEGRÉ DE SAINETÉ OU SANTÉ, EST DANS LA NATURE DES ŒUVRES DE LA CRÉATION, TOUJOURS EN HARMONIE PARFAITE AVEC CELUI DE LA GÉNÉRATION NORMALE D'UN ÊTRE. *Des tubercules nouveaux arrivent ainsi à une vie plus délicate, et avec une force de résistance moins grande aux changements plus ou moins brusques de l'atmosphère. De là une cause directe ou indirecte de maladie.*

5e CAUSE DE LA MALADIE. — Après avoir consacré vingt ans de réflexions et de culture pratique à la recherche de la culture normale des céréales, blé, seigle, orge, avoine, je suis arrivé à être convaincu, que la principale cause de l'ergot dans l'épi du seigle, du noir dans celui du blé, et de la rouille, tant dans les feuilles que dans l'épi du blé, était due à l'impossibilité pour ces deux céréales de s'épanouir dans leur génération dans un assez grand nombre de talles. La nature, c'est le mouvement perpétuel, et son mouvement est des plus visibles dans l'acte de la gé-

nération. Si un obstacle est mis à l'acte de génération de la femme, soit du fait de la femme elle-même,
soit de celui de l'homme, la matrice, organisée pour
produire, reste toujours en perpétuel besoin de production. Si on ne lui permet pas de produire des enfants, son besoin de production n'en est pas éteint
pour cela : il faut donc qu'elle produise quand même,
et elle produit alors des monstruosités, des excrois-
sances, des polypes. L'hystérie, ou fureur utérine,
provient également du manque de production de la
matrice. Ces réflexions sur les causes des maladies du
seigle et du blé, et sur les polypes et l'hystérie des
femmes, m'ont mené peu à peu, puisque les règnes
végétal, animal et hominal présentent les mêmes idées
sous des figures analogues, m'ont mené, dis-je, à
l'intelligence d'un obstacle insurmontable, que l'on
oppose à la reproduction des pommes de terre.

La pomme de terre présente sous terre la figure
d'*un arbre*. A sa base sont les radicelles, qu'elle fait
descendre dans le sol, pour y puiser, par ses spongioles, la nourriture et la boisson, dont elle a besoin.
Comme dans tous les arbres, elle projette des branches
latérales, sur lesquelles, comme dans tous les arbres,
naissent des fruits. Ceux-ci sont appelés pommes de
terre. Dans sa culture normale, ce petit arbre souterrain aurait une hauteur de $0^m,20$ environ : dans la
culture actuelle il ne peut avoir que $0^m,10$ de hauteur,

puisque l'on ne couvre la pomme de terre que de $0^m,10$ de terre. Réduit à cette proportion, l'âme de la pomme de terre, pour tirer tout le parti possible du peu de hauteur de son arbre, envoie ses dernières pommes au sommet de cet arbre, à la surface du sol, conséquemment produit autant qu'elle peut produire, pour ne pas voir son organisme, son corps, tomber malade. Comme elle doit mûrir ses fruits dans la terre, à l'ombre, elle se confie alors à la providence de Dieu, qui les fait *butter* par les cultivateurs, en attendant que ceux-ci comprennent qu'elle n'a aucun besoin d'être buttée, dès aussitôt que l'on aura donné une hauteur de $0^m,20$ à son arbre souterrain. Cette cause de débilité particulière est encore une cause indirecte, qui vient s'ajouter à celles plus ou moins directes et puissantes, que j'ai exposées sous les numéros 3 et 4.

6e CAUSE DE LA MALADIE. — Après avoir exposé sous les numéros 1, 2 et 3 trois causes, qui contribuent certainement, pour une forte partie, à rendre les pommes de terre malades, j'ai voulu mettre celle-ci en dernier sous le numéro 6, parce que, indépendamment de ces 3 premières causes, celle, que je vais exposer ici, eu égard à son importance, y contribue encore bien davantage.

Pour parler avec une réelle connaissance d'une chose, qui a eu ses commencements, il faut rechercher les idées, que l'on s'en était faite à son origine.

Les préjugés, c'est-à-dire la première opinion, que l'on se fait d'une chose, avant de la bien connaître, laissent dans notre esprit, malgré nous, des racines, que plus tard on a de la peine à extirper. La première idée vraie ou fausse, que l'on se fait, est certainement en premier ordre par rapport à celle que l'on adopte après, et comme toutes les choses, qui se présentent en premier ordre, impréssionne plus notre organisation et se grave plus profondément en nous, que celle que nous sommes forcés, par l'expérience, d'y substituer après. Ou, autrement dit, nous sommes encore dans une période d'enfance, où les préjugés, le premier jugement cèdent plus tard difficilement le pas aux meilleures raisons, si bonnes soient-elles, tant notre esprit est encore peu assoupli. Il y a 102 ans que Parmentier a prouvé tous les services que la pomme de terre était appelée à nous rendre : eh bien ! pendant qu'à Paris on est d'accord qu'elle est le plus précieux de nos légumes, combien encore d'habitants des campagnes la trouvent fade, lui préfèrent de beaucoup un morceau de lard, et la regardent comme particulièrement destinée à *la nourriture des porcs*. Partant de cette idée, encore régnante dans tant d'esprits, on comprendra d'autant mieux les lignes suivantes :

Une plante, se dit-on, que la nature destine aux porcs, doit être robuste, et n'a pas besoin de tant de soins dans sa culture. De là l'idée, aussitôt que les pommes de terre sont arrachées, de les jeter pêle-mêle, par tombereaux, entassés les uns sur les autres, dans des caves profondes, plus ou moins sèches ou humides, ou chaudes, caves dont on ne s'occupe plus de la fin d'octobre à la fin de mars. On a bien d'autres choses à faire, que de s'occuper de *la nourriture des porcs.*

Des amoncellements de pommes de terre de 4, 5 et 6 mètres de hauteur, sur 5 à 6 mètres de largeur, et 5 mois de cave dans ces conditions-là, avec ou sans air, vous voyez de là la belle conservation pendant la période d'hiver.

Et encore si cela avait eu lieu une seule fois, par excès d'occupations, mais non, cela a lieu régulièrement tous les ans, depuis un siècle, en France, depuis la mort de Parmentier.

Tout végétal renferme en lui une chaleur latente, qui s'irradie dans tous les sens, comme le feu, qui envoie ses rayons tout à l'entour de lui. Isolément rien n'est sensible, mais entassez tels fruits de végétal que vous voudrez dans les proportions ci-dessus, l'irradiation d'un fruit aura lieu sur un second fruit, qui irradiera également sur le premier, et ainsi pour chacun de tous les autres fruits ; la chaleur de chaque, s'échauffant de celle de tous les autres, et la chaleur de tous ne pouvant plus se dégager comme elle se dégage, quand le fruit est isolé, il faut bien alors que celle-ci, de latente, devienne sensible, et donne lieu à une fermentation, qui est toujours ainsi fatale et inévitable. Par ces raisons il est des plus évident que la chaleur est mathématiquement proportionnelle aux cubes de l'amoncellement. Pourquoi les pommes de terre des jardiniers sont-elles en général moins malades que celles de la grande culture? Parce que les amoncellements des pommes de terre des jardiniers sont en général bien moins considérables que ceux de la grande culture. Une fermentation pareille arrive dans nos tas de blé, auxquels nous sommes forcés de temps à autre de donner de l'air.

Les carottes et les betteraves surtout sont bien plus sujettes à fermenter, et de là à pourrir, que les pommes de terre, mais on apporte beaucoup plus de soin à leur conservation qu'à ces dernières. L'expérience a prouvé que pour bien conserver, sans risque aucun, les carottes et les betteraves, que l'on veut repiquer après l'hiver pour en tirer des graines, on doit intercaler un lit de sable par chaque lit de carottes et de betteraves. Tous les jardiniers d'un peu de valeur savent cela.

En principe, même sans exception connue jusqu'a ce jour, tout végétal, cru en terre, ne peut bien se con-

SERVER, C'EST-A-DIRE GARDER TOUTE SA SANITÉ, FRAÎCHEUR, AROME ET SAVEUR QUE DANS LA TERRE, OU IL S'EST DÉVELOPPÉ, OU MIEUX DANS LE SABLE, DONT ON L'ENTOURE, QUI TIENT AINSI LIEU PLUS AVANTAGEUSEMENT DE LA TERRE, DANS LAQUELLE IL A CRU.

Les cultivateurs, sont habitués à des procédés expéditifs et en général, qui n'exigent pas beaucoup de soins. Je ne leur demanderai donc pas aujourd'hui d'apporter tout le soin possible à leurs amoncellements de pommes de terre, comme on le fera plus tard, mais seulement de les diviser par petits tas isolés, de façon à y neutraliser toute fermentation sérieuse.

Quant aux maitresses-pommes de terre, prises chacune, dans chaque touffe de pommes de terre, pour la semence de l'année suivante, je leur demanderai de *les déposer sur un lit de sable, de remplir de sable les intervalles entre chaque pomme de terre, de mettre un nouveau lit de sable, puis un lit de pommes de terre, et ainsi de suite. Chaque amoncellement pourra avoir 3 mètres de longueur sur 3 mètres de largeur et 2 mètres de hauteur, et aura autour de lui un espace suffisant, pour permettre de passer librement et de surveiller.*

Ainsi, conformément à ce que l'expérience a prouvé indispensable pour la conservation des carottes et des betteraves, que l'on destine à la reproduction, on conservera ainsi, pendant la période d'hiver, toute la sanité, fraîcheur, arome et saveur des pommes de terre.

Il convient de placer dans la cave un thermomètre. La pomme de terre étant très sensible à la gelée, on fermera hermétiquement portes et fenêtres et toutes les issues de la cave, quand le temps sera à la gelée, et on les ouvrira toutes grandes, quand le temps sera par trop doux. Il faut toujours se souvenir de ce principe, que, DANS LES ESPÈCES VÉGÉTALES, COMME DANS LES ESPÈCES ANIMALES ET HOMINALES, L'UNIFORMITÉ DE TEMPÉRATURE EST CONSERVATRICE, PENDANT QU'AU CONTRAIRE LES VARIATIONS ATMOSPHÉRIQUES SONT TOUJOURS DÉSORGANISATRICES.

Telles sont, Monsieur le Ministre, les 6 causes de la maladie des pommes de terre.

CHAPITRE III

LETTRE A M. LE MINISTRE DE L'AGRICULTURE ET DU COMMERCE SUR L'ÉPOQUE, A LAQUELLE LA MALADIE DES POMMES DE TERRE SERA GUÉRIE.

Monsieur le Ministre,

DIEU, DANS SA BIENVEILLANCE, ARME TOUT VÉGÉTAL, COMME TOUT ANIMAL, DE FORCES PARTICULIÈRES ET SPÉCIALES A CHAQUE ESPÈCE D'ÊTRES, POUR PROTÉGER SA VIE, CONTRE DES INFLUENCES MALSAINES ET DÉLÉTÈRES, QUI POURRAIENT LA DÉTRUIRE ; MAIS, SI CES INFLUENCES DÉSORGANISATRICES PERSISTENT, ELLES FINISSENT TOUJOURS, A LA LONGUE DU TEMPS, PAR DOMINER LES FORCES LIMITÉES DU VÉGÉTAL, LE TEMPS ÉTANT DE SA NATURE UNE FORCE SANS LIMITES.

A quelle époque, peut-on se dire, remonte la première manifestation de la maladie des pommes de terre ? Nous manquons à cet égard de renseignements certains.

Voici ceux que j'ai pu recueillir :

D'après Humboldt, elle serait originaire des Cordillères du Chili (Amérique du Sud), et probablement
aussi de celles du Pérou. MM. Caldcleugh et Baldwin,
il y a peu d'années, l'ont trouvée à l'état sauvage au
Chili et près de Montévidéo (Uruguay). Depuis combien de temps a-t-elle été cultivée au Chili et au Pérou,
et comment a-t-elle été cultivée dans ces deux pays ?
Impossible de se procurer aucun renseignement à
cet égard. On sait seulement qu'elle était cultivée au
Pérou, avant l'arrivée des Européens, sous le nom de
Papas. Toujours est-il qu'il est bien probable qu'elle
a été *très mal cultivée pendant bien longtemps*, dans
ces deux pays. Tel est notre point de départ, sur lequel je vous prie, Monsieur le Ministre, de porter
votre attention.

Dès la découverte de l'Amérique, en 1492, elle fut
importée en Espagne, et décrite par d'anciens auteurs
Castillans des noms de Zérati et d'Acosta.

*En 1545, John Haw-Kings l'importa des côtes de la
Nouvelle-Grenade (Amérique du Sud), en Irlande.*

*En 1565, elle fut de nouveau importée du Brésil en
Irlande,* Olivier de Serres en fait la description sous
le nom de *Cartoufle*.

En 1586, l'amiral Drake l'importa de Virginie
(Etats-Unis), à Londres. La même année, Thomas
Harriot et William Raleigh l'importèrent en Eu-
rope.

En 1588, un Légat du Pape apporta quelques tubercules à Philippe de Sivry, gouverneur de Mons, et Charles de l'Ecluse en donna la description. Antérieurement à cette époque, elle était déjà cultivée en Italie, où on croit qu'elle fut importée de la Galice (Espagne). De 1580 à 1600, elle devint commune en Italie, sous le nom de Taratouffi (truffe de terre).

En 1590, elle passa d'Irlande en Belgique.

Vers 1592, préconisée par Gaspard Bauhins, elle se propagea rapidement dans la Franche-Comté, les Vosges et la Bourgogne. Mais bientôt après elle subit un temps d'arrêt à cause des préjugés, qui momentanément s'opposèrent à sa propagation.

Sur la fin du 16e siècle, dit Charles de l'Escluse, naturaliste d'Arras, on en recueillait assez en Italie pour en donner même aux porcs.

Vers 1600, sous Henri IV, importée probablement d'Italie, et venue de Suisse, on croit qu'elle fut parfaitement connue dans le Dauphiné, mais on ne commença à la cultiver en France dans les jardins qu'à dater de 1616.

En 1623, sir Walter Raleigh l'importa de nouveau de Virginie en Angleterre. On commença à la propager à cette époque dans les Iles britanniques.

Vers 1710 elle commença à se répandre en Allemagne.

Depuis 1684, *suivant Humboldt, la culture s'en fait en grand dans le Lancashire (comté de l'Angleterre).*

Depuis 1717, elle se fait également sur une grande échelle en Saxe.

Depuis 1728, en Ecosse.

Depuis 1738, en Prusse. (Ces 4 derniers documents sont empruntés à Humboldt, *Essai politique*, etc., tom. 2, p. 461.)

Vers 1750, on la considérait encore en France comme un aliment malsain, et les personnes riches avaient honte d'en faire servir sur leurs tables. Mais en 1765, à l'instigation de Duhamel et de Turgot, on se décida à la cultiver en plein champ dans l'Anjou et le Limousin.

En 1765, M. de Barral, évêque de Castres, demanda aux riches la cession temporaire de quelques parcelles de terre inculte pour les pauvres, afin que ceux-ci plantassent des pommes de terre.

En 1771, suivant Thaër, elle se propagea dans toute l'Allemagne, à la suite de la famine de 1771-1772, qui la désola. Cette famine la fit admettre dans la grande culture.

En 1778, Parmentier, par ordre du roi, fit planter 54 arpents de pommes de terre dans la plaine des Sablons, à Grenelle. Louis XVI en porta les fleurs à sa boutonnière devant toute la cour. A la récolte, on plaça nombre de sentinelles avec les ordres les plus sévères pour le jour, mais avec la liberté pleine et entière de dormir toute la nuit. On voit clairement ce qu'il en dut résulter. « La France, dit Louis XVI à « Parmentier, vous remerciera d'avoir trouvé *le pain* « *des pauvres.* »

Ce n'est qu'à partir de 1815 que la pomme de terre entra tous les jours de plus en plus dans la grande culture. La statistique a évalué la quantité d'hectares plantés en pommes de terre, en 1818, à 558,965, en 1848, à plus de 1 million. On a calculé depuis que la pomme de terre entrait en France pour 17 pour 100 dans la nourriture de l'homme.

« En moins de 2 siècles, dit Humboldt, elle a pé« nétré dans la Nouvelle-Zélande, au Japon, à Java, « dans le Boutan (nord de l'Indoustan), et au Ben« gale (partie de l'Indoustan). Elle est cultivée au « sud de l'Afrique et jusqu'en Islande et en Laponie. « Depuis la découverte des céréales, aucune plante « ne s'est plus étendue. »

D'après les expériences de MM. Girardin et du Breuil, la composition de la pomme de terre varierait en matière sèche de 8 à 30 pour 100, et en fécule de 4,88 à 19 pour 100, selon les sols. On voit donc par là de quelle énorme importance est le choix du sol.

J'ai eu l'honneur, M. le Ministre, d'appeler dans ma deuxième lettre votre attention sur ce fait, que, d'après le témoignage de M. le colonel Acosta, témoi gnage admis par M. Boussingault, la maladie des pommes de terre serait entièrement semblable à celle connue en Amérique, dans la Nouvelle-Grenade, sous le nom de *Futeada*. M. le colonel Acosta n'a pas dit à M. Boussingault à quelle époque pouvait remonter la première manifestation de cette maladie, semblable à la nôtre, de la Nouvelle-Grenade. Ce point est extrêmement important, parce que la Nouvelle-Grenade est traversée par trois rameaux de la chaîne des Cordillères, dont les pommes de terre tirent leur origine à l'état sauvage. Or, comme TOUTE MALADIE NE SE MANIFESTE DANS LES VÉGÉTAUX, COMME DANS LES ANIMAUX, QU'APRÈS AVOIR ÉTÉ LONGTEMPS ÉPANDUE A L'ÉTAT LATENT DANS TOUTE LEUR ÉCONOMIE, il s'agirait de savoir à quelle époque peut remonter la première manifestation de la maladie dans la Nouvelle-Grenade. Mais si un principe morbide, latent depuis bien longtemps probablement, s'est manifesté dans la Nouvelle-Grenade à un moment donné sous le nom de *Futeada*, il se pourrait que la même maladie se fût manifestée aussi, de temps à autre, dans le Pérou et le Chili, dont l'Europe a tiré aussi ses premières pommes de terre pour semence. On doit croire que ce sont les pommes de terre du Chili, ou du Pérou, ou de la Nouvelle-Grenade, les trois pays, dont elles sont originaires à l'état sauvage, qui ont servi de semences dans les États-Unis.

D'où il suit que l'Amérique du Nord, comme celle du Sud, nous a probablement envoyé en Europe pour semence, non pas des pommes de terre malades, mais des pommes de terre, infectées depuis bien longtemps d'un principe morbide ; et, si l'Europe, depuis l'époque de leur importation, les a mal cultivées, les naturels de l'Amérique et leurs conquérants les ont-ils, eux, mieux cultivées ?

Nous avons vu plus haut que c'est l'Espagne, qui, la première, a importé chez elle la pomme de terre ; après l'Espagne, vient l'Italie ; après l'Italie, l'Irlande ; après l'Irlande, l'Angleterre ; après l'Angleterre, la Belgique ; après la Belgique, l'Allemagne ; après l'Allemagne, la France.

On sait que la Belgique, qui contient beaucoup de terres grasses, récolte d'énormes quantités de pommes de terre, que la Hollande est un terrain bas et humide, et qu'en France, en Allemagne surtout, et en Angleterre aussi, on a cherché à la reproduire à peu près dans toutes les terres.

La première atteinte de la maladie s'est manifestée en 1830, et a apparu d'abord en Belgique, en Hollande, puis en France, en Allemagne et en Angleterre. On a vu d'abord les pommes de terre tomber malades dans plusieurs districts près du Rhin, puis dans le Palatinat, en Saxe, dans le Mecklembourg, la Bohême et la Silésie.

En 1843 et 1844 *la maladie, connue de tout temps en Amérique sous le nom de Casaqui,* fut signalée dans les Etas-Unis et le Canada, tandis que le professeur M. Morreu, l'observait en Belgique. (*Encyclopédie pratique de l'agriculteur*, art. Pommes de terre, signé Gossin).

Les considérations, que j'ai exposées ci-dessus, étant connues, on ne doit pas trouver lieu de s'en étonner.

En 1845, la maladie se manifesta en juillet dans la Belgique et la Hollande, en août dans les environs de Paris et dans certaines parties de l'Allemagne, et de là en Angleterre et surtout en Irlande, où elle dé-truisit la totalité de la récolte. (*Encyclopédie du XIX⁰ siècle*, 3⁰ édition, art. signé Boussingault, mem-bre de l'Institut.)

En 1846, elle se manifesta de nouveau en Europe, et a continué depuis avec des degrés variables d'in-tensité, en rapport avec l'amplitude des variations électriques de l'atmosphère.

Cette année 1880, *les atteintes de la maladie se feront remarquer de très bonne heure sur la plante, et cela dans tout l'occident de l'Europe, et il y a danger de perdre la plus grande partie de la récolte.*

On trouvera tous les renseignements, sur les-quels je me suis appuyé dans cette lettre, dans le *Cours d'Agriculture*, par l'abbé Rozier; le *Théâtre d'Agriculture*, d'Olivier de Serres, par M. Huzard; le *Nouveau cours complet d'agriculture théorique et pratique;* l'*Encyclopédie pratique de l'Agriculture*, sous la direction de L. Moll, chez Didot, 1866; l'*Encyclopédie du XIXᵉ siècle*, 3ᵉ édit., art. POMMES DE TERRE, signé Boussingault; l'*Encyclopédie moderne* ou *Dictionnaire abrégé des sciences, des lettres, des arts*, nouv. édit, 1850, publié chez Didot, et l'*Essai politique*, etc., d'Humboldt, tom. 2, p. 461.

Monsieur le Ministre,

Si les naturels de l'Amérique ont depuis des siècles mal cultivé la pomme de terre, si les conquérants de l'Amérique ne l'ont guère mieux cultivée que les naturels, et si les Européens l'ont reçue affectée déjà depuis longtemps d'un principe morbide latent, la *guérison radicale* de sa maladie demandera des dizaines d'années, parce que LE TEMPS DE LA CONVALESCENCE EST TOUJOURS PROPORTIONNEL A LA GRAVITÉ D'UNE MALADIE, MULTIPLIÉE PAR LE TEMPS DE LA DURÉE DE CETTE MALADIE ?

En 1856, M. Vilmorin avait compté plus de 500 variétés de pommes de terre, à quoi M. Joigneaux lui a répondu qu'il croyait pouvoir affirmer qu'il en existait 1000. En Europe et en Amérique ne sont-elles pas de *beaucoup plus nombreuses*, parce que LES

Variétés des espèces, considérées comme types, sont des harmonies naturelles, qui viennent avec le temps s'établir fatalement avec les sous-nuances des sols, dans lesquels les espèces ont apparu ?

Ces deux dernières considérations font toucher du doigt l'impossibilité où est un homme d'amener, au bout d'une durée ignorée de temps, la guérison radicale d'un nombre également inconnu de variétés de pommes de terre. C'est pourquoi, Monsieur le Ministre, j'ai cru pouvoir me permettre de publier toutes ces idées sous votre bienveillant patronage.

CHAPITRE IV

Monsieur le Ministre,

Il est un fait notoire, dont l'évidence a été palpable,
c'est que dans les années, où les dispositions atmosphériques avaient été défavorables à la végétation et
avaient sensiblement nui à la production des céréales,
blé, seigle, orge, maïs, la récolte des pommes de
terre, avant la manifestation de la maladie, avait toujours été loin de souffrir autant des mêmes dom-
mages. D'où on est en droit d'inférer, que la pomme
de terre est de beaucoup plus rustique et plus soli-
dement organisée qu'aucune plante, dite céréale. Nous
avons dit plus haut que la famine, qui avait sévi en

Allemagne en 1771 et 1772, avait déterminé ce pays à donner une beaucoup plus grande extension à la culture de la pomme de terre. Or, il est à noter qu'aujourd'hui, dans l'ancien royaume de Prusse, cœur de l'empire d'Allemagne, on récolte pour 1,364,000,000 de francs de pommes de terre, soit environ plus de 1 milliard d'hectolitres, produit 12 fois plus important que celui des céréales de ce pays. La Prusse, on le sait, renferme une énorme quantité de terres maigres; mais on voit par là de quelle précieuse ressource pour ces terres, et il y en a beaucoup dans tous les pays, est la culture de la pomme de terre.

L'histoire nous apprend que pendant 70 années, de l'an 970 à l'an 1040, la France a extrêmement souffert par 48 années de famine et d'épidémies, qui se sont succédées, à des intervalles très rapprochés, dans ce laps de temps. J'ai de très fortes raisons de penser, que l'année 1880 est la première des années de grande calamité, que toute l'Europe va traverser. Je me tiens, Monsieur le Ministre, complètement à votre disposition pour les documents si curieux, sur lesquels je me fonde pour penser ainsi, mais ces lettres étant destinées à être publiées, dans le même temps où j'ai l'honneur de vous les adresser, je crois ne pas devoir les mettre sous les yeux du public, mais vous les réserver comme un secret, dont vous prendrez connaissance, quand vous le jugerez utile et nécessaire.

CHAPITRE V

LETTRE A M. LE MINISTRE DE L'AGRICULTURE ET DU COM-
MERCE SUR L'AUGMENTATION CERTAINE DE LA PRODUCTION
DE LA POMME DE TERRE PAR LA PLANTATION EN QUINCONCE.

Monsieur le Ministre,

Tout se tient, se relie et s'enchaîne dans la nature
des choses. Les idées erronées, que l'on s'est faites,
si à tort, sur les services, que pouvait rendre la
pomme de terre, ainsi que j'ai eu déjà l'honneur de
vous le faire observer plus haut, ont conduit, par une
conséquence forcée, à des procédés très imparfaits
dans sa culture. En voici encore un : On plante les
pommes de terre à la charrue, à une distance
de $0^m,75$, entre les lignes et à celle $0^m,45$ dans les
lignes. Or, il y a dans cette pratique une faute grave,
que j'ai l'honneur de vous signaler :

TOUTE PLANTE CROÎT ET SE DÉVELOPPE, EN RECULANT PEU
A PEU LES LIMITES DE CIRCONFÉRENCE DU CERCLE, TRÈS
EXACTEMENT DÉCRIT, DANS LEQUEL ELLE VIT. CE N'EST QU'EN

Rencontrant des obstacles, qu'elle ne peut vaincre, que ce cercle prend la forme ovale.

La distance de 0^m,75 entre les lignes, plus considérable que celle 0^m,45 dans les lignes, permet à la pomme de terre d'étendre beaucoup plus loin ses racines entre les lignes que dans les lignes, conséquemment la force de décrire un ovale et non un cercle. Le buttage, que l'on a cru indispensable jusqu'ici, a pour effet de détruire les spongioles les plus vivantes des racines les plus fortes, qui s'étendent entre les lignes. Il y a donc là une destruction de l'organe le plus vivant de la plante, partant une diminution dans sa production. Il y a en plus une perte de terre improductive entre les ovales décrits par elle. On évite ces deux causes improductives par la plantation en quinconce.

Le planteur doit être muni d'un cordeau, long d'environ 20 mètres. Des nouettes de grosse toile sont attachées au cordeau, par exemple, tous les 0^m,50, si l'on veut planter dans un carré, qui doit porter 0^m,50 de chaque côté. Le planteur, après avoir tendu son cordeau, fait avec une bêche ou mieux un louchet un trou, à côté de chaque nouette du cordeau. Une femme dépose une pomme de terre, au fur et à mesure, dans chaque trou. Le planteur relève son cordeau et le replace, avec une baguette de 0^m,50 de longueur, à 0^m,50 de la première ligne, en ayant soin d'avancer ou de reculer le cordeau de $0^m,25$. Les nouveaux trous se trouvent ainsi au milieu de la distance des premiers, et la terre, qui en sortira, sera jetée par le planteur dans les premiers trous, garnis chacun d'un tubercule. Ainsi de suite. Les plants s'entrecroiseront de cette manière distancés de $0^m,50$, et sans qu'aucune étendue appréciable de terre entre les cercles, décrits par les racines des plants, soit perdue.

Comme la culture de la pomme de terre, en temps de disette ou de famine, va devenir une affaire importante, je suis assuré de rendre service, en affirmant que ce mode de plantation en quinconce, comparé à celui de la plantation à la charrue, augmente les produits de 20 à 25 pour 100.

Tel est, Monsieur le Ministre, l'ensemble de toutes les observations, concernant les pommes de terre, que j'ai faites dans ma pratique de l'agriculture pendant 44 ans, et que je me suis cru autorisé à présenter au public sous votre bienveillant patronage.

Veuillez agréer

Monsieur le Ministre

l'assurance

de ma très haute et très respectueuse

considération,

Félix LEVACHER-D'URCLÉ

Nom d'auteur : Félix DEPEREAS.

Paris, ce 1er juin 1880.